BEI GRIN MACHT SICH IHR WISSEN BEZAHLT

AF140741

- Wir veröffentlichen Ihre Hausarbeit, Bachelor- und Masterarbeit

- Ihr eigenes eBook und Buch - weltweit in allen wichtigen Shops

- Verdienen Sie an jedem Verkauf

Jetzt bei www.GRIN.com hochladen und kostenlos publizieren

Bibliografische Information der Deutschen Nationalbibliothek:

Die Deutsche Bibliothek verzeichnet diese Publikation in der Deutschen National-
bibliografie; detaillierte bibliografische Daten sind im Internet über http://dnb.d-
nb.de/ abrufbar.

Impressum:

Copyright © 2013 GRIN Verlag, Open Publishing GmbH
Druck und Bindung: Books on Demand GmbH, Norderstedt Germany
ISBN: 978-3-668-05184-3

Dieses Buch bei GRIN:

http://www.grin.com/de/e-book/306914/groessenvorstellungen-entwickeln-einfueh-
rung-von-groessen-im-anfangsunterricht

Anonym

Größenvorstellungen entwickeln. Einführung von Größen im Anfangsunterricht

GRIN Verlag

GRIN - Your knowledge has value

Der GRIN Verlag publiziert seit 1998 wissenschaftliche Arbeiten von Studenten, Hochschullehrern und anderen Akademikern als eBook und gedrucktes Buch. Die Verlagswebsite www.grin.com ist die ideale Plattform zur Veröffentlichung von Hausarbeiten, Abschlussarbeiten, wissenschaftlichen Aufsätzen, Dissertationen und Fachbüchern.

Besuchen Sie uns im Internet:

http://www.grin.com/

http://www.facebook.com/grincom

http://www.twitter.com/grin_com

Carl von Ossietzky Universität Oldenburg

PB 8: Pädagogische und psychologische Fragestellungen in Einrichtungen des
Elementar- und Primarbereiches

Seminar: Mathematischer Erstunterricht

Wintersemester 2012/13

Portfolioarbeit:

Größenvorstellungen entwickeln.
Einführung von Größen im Anfangsunterricht

Inhaltsverzeichnis

Einleitung

Um eine bundesweit einheitliche sowie vergleichbare Kompetenzentwicklung und Kompetenzförderung von Schülern und Schülerinnen in den Bildungseinrichtungen zu gewährleisten, hat die Kultusministerkonferenz für die spezifischen Fächer Bildungsstandards festgelegt. Das niedersächsische Kerncurriculum greift diese auf und verteilt sie auf Doppeljahrgängen.[1]

Die Entwicklung von Größenvorstellungen gehört zu den inhaltsbezogenen mathematischen Kompetenzen, die im Bereich „Größen und Messen" vermittelt werden. Die Schüler und Schülerinnen sollen diesbezüglich zum Ende des zweiten Schuljahres über Messfertigkeiten und einem sachgerechten Umgang mit Messinstrumenten verfügen, sowie Repräsentanten von Längen, Geldwerten und Zeitspannen vergleichen und ordnen können. Des weiteren wird erwartet, dass bei den Schülern und Schülerinnen ein Repertoire an Stützpunktvorstellungen standardisierter Größeneinheiten aufgebaut wird, auf die in Schätzsituationen zurückgegriffen werden kann.[2]

Mit Größen in Sachsituationen umgehen zu können ist eine weitere zentrale Kernkompetenz des Bereichs „Größen und Messen" und verweist auf die Nachbarschaft zum Sachunterricht. Hier werden beim Umgang mit Größen vielfach Kompetenzen im Schätzen verlangt, bei denen Schüler und Schülerinnen ohne eine realistische Größenvorstellung lediglich raten.[3]

Das Arbeiten mit Größen stellt zusammen mit dem Sachrechnen die Themen mit den größten Lernschwierigkeiten in der Grundschulmathematik dar. Mit ihnen verbinden die Schüler und Schülerinnen oftmals negative Assoziationen und Erfahrungen, daran hat sich auch in den letzten zwanzig Jahren wenig geändert.[4]

Größen begegnen uns jedoch überall. Sie treten als Mittler zwischen Realität und Unterricht auf. Ihre Präsens in vielfältigen Alltagssituationen verdeutlicht die Relevanz adäquater Größenvorstellungen als Voraussetzung einfachster Alltagsbewältigungen.

Ziel dieser Portfolioarbeit wird es sein, eine Unterrichtsstunde zu dem Thema „Einführung von Längen" für Schüler und Schülerinnen des zweiten Schuljahres zu

---

[1]Vgl. Kerncurriculum für die Grundschule 2006, Schuljahrgänge 1-4, Fach Mathematik, Niedersachsen, S.5.
[2]Vgl. ebd., S. 23f.
[3]Vgl. ebd.
[4]Vgl. Nührenbörger, M.: Denk- und Lernwege von Kindern beim Messen von Längen. Theoretische Grundlegung und Fallstudien kindlicher Längenkonzepte im Laufe des 2. Schuljahres. Texte zur mathematischen Forschung und Lehre 17. Hildesheim: Franzbecker 2002, S. 1f.

3

entwickeln. Zum Überblick wird zuerst der Begriff „Größe" erläutert und dann in einem zweiten Schritt Wege zur Bestimmung von Längen aufgezeigt. Punkt drei bespricht die Relevanz von Stützpunktvorstellungen. Abschließend wird in dieser Arbeit die Unterrichtseinführung von Längen anhand der didaktischen Stufenfolge thematisiert. Der letztlich entwickelte Stundenverlaufsplan findet im Fazit durch Berücksichtigung der in dieser Arbeit herauskristallisierten Ergebnisse seine Begründung.

1. Zum Begriff Größe

Größen und Längen sind nicht ausschließlich Themen der Mathematik. Sie tragen unter anderem Bedeutung in der Phonetik und Geographie, in der Zeit und besonders in den messenden Naturwissenschaften wie der Chemie und Physik. Auch in der Umgangssprache findet das Wort „Größe" in unterschiedlichen Bereichen Verwendung. Zum Beispiel zur Bestimmung von Kleidergrößen oder zur Beschreibung einer bedeutenden Persönlichkeit (Er ist eine Größe in seinem Gebiet).[5]

In der Physik wird unter einer Größe eine messbare Eigenschaft physikalischer Objekte, wie zum Beispiel die Länge eines Tisches, aber auch Zustände (z.B. die Stärke eines magnetischen oder elektrischen Feldes) sowie Vorgänge (z.B. die Dauer einer Pendelschwingung) verstanden.[6]

In der Mathematik ist der Begriff „Größe" nicht einheitlich definiert. Weitestgehend hat sich in der Mathematikdidaktik jedoch die Ansicht von Kirsch durchgesetzt.[7] Diese betont den anummeralen Zusammenhang zwischen Repräsentanten und Größen zur Konstruktion von Größenbereichen. Ein Größenbereich stellt eine Menge dar, in der eine Verknüpfung (+) und eine Relation (<) erklärt ist, für die folgendes zu gelten hat:

- **Assoziativitätsgsetz:** $(a+b) + c = a + (b+c)$.
- **Kommutativitätsgesetz:** $b + a = a + b$.
- **Trichotomiegesetz** Entweder gilt $a < b$ oder $a = b$ oder $b < a$.
- **Lösbarkeitsgesetz:** $a + x = b$ ist lösbar nach $x \in G$ genau dann, wenn $a < b$.[8]

Längen zählen zu den Basisgrößen. In der Grundschule werden neben Längen die Basisgrößen Zeit, Geld, Volumen und Flächeninhalt, sowie Gewichte unterrichtet.[9]

---

[5]Vgl. www.duden.de/rechtschreibung/Groesze, 20.02.2013.
[6]Vgl. https://ssl.gymnasium-zwettl.ac.at/fachwissen/physik/vorlesung/PHYSIK/repetitorium/einheiten/1/01.html, 20.02.2013.
[7]Vgl. Kirsch, A.: Elementare Zahlen- und Größenbereiche. Eine didaktische orientierte Begründung der Zahlen und ihre Anwendung. Göttingen: Vandenhouk & Ruprecht 1970, vgl. auch: Nührenbörger 2002, S. 12.
[8]Vgl. Kirsch 1970, S. 43, vgl. auch: Nührenbörger 2002, S. 13.
[9]Vgl. Kerncurriculum 2006, S. 23.

Jede Basisgröße besitzt eine oder mehrere charakteristische Messeigenschaften, die sie mit anderen teilt und die sie zugleich von anderen unterscheidet. Bei der Größe Länge wäre dieses ihre eindimensionale Linearität.

2. Zur Bestimmung von Längen

Zur Bestimmung von Längen lassen sich zwei Verfahren unterscheiden. Zum einen das Vergleichen qualitativer Art und zum anderen das quantitative Vergleichen eines Objekts mit einer bekannten Maßeinheit, welches demzufolge als Messen bezeichnet wird. Beide Verfahren erfassen die eindimensionale Linearität von Längen und basieren auf das In-Beziehung-Setzen von Objekten.10

2.1 Qualitative Bestimmung von Längen

Die qualitative Bestimmung von Längen lässt sich auf die Sichtweise von Kirsch zurückführen. Hier ist kein Wissen über Zahlen erforderlich, denn man gelangt durch Abstraktion von Repräsentanten zur Größe „Länge". Jede Größenart ist folglich als Eigenschaft von Repräsentanten zu sehen. Diese werden direkt mit Hilfe einer Äquivalenzrelation und einer Ordnungsrelation verglichen. Als typische Längenrepräsentanten gelten zum Beispiel Stifte, Stäbe oder Tische. Bei Letzterem muss beachtet werden, welche Länge (Höhe, Breite, Tiefe, etc.) gefragt ist.11

Ordnet und vergleicht man schließlich diese Repräsentanten, treten verschiedene Relationen zwischen ihnen auf:

- **Äquivalenzrelation:** Durch diese können die Repräsentanten der Größen in Klassen eingeteilt werden. Bei Längen lautet eine solche Äquivalenzrelation „so lang wie", „deckungsgleich" bzw. „kongruent".
  Eine Relation heißt Äquivalenzrelation, wenn sie
- symmetrisch ist: Wenn a~b, dann muss auch b~a gelten.
- reflexiv ist: Für alle a muss a~a gelten.
- transitiv ist: Wenn a~b und b~c gilt, muss auch a~c gelten.

10Vgl. Nührenbörger 2002, S. 46.
11Vgl. ebd., S. 12.

- **Ordnungsrelation:** Hiernach kann eine Menge hierarchisch strukturiert werden. Bei Strecken lautet eine solche Ordnungsrelation „ist länger als" oder „ist kürzer als". Eine Relation heißt Ordnungsrealion wenn
  - Asymmetrie gilt: Wenn a< b, dann ist niemals auch b< a.
  - Transitivität gilt: Wenn a< b und b< c, dann ist auch a< c.[12]

Adjektive wie „kürzer", „länger" oder „gleich", bilden demnach die Grundlage zu einer qualitativen Bestimmung von Längen. Indem die eindimensionale Längeneigenschaft der zu vergleichenden Objekte erfasst und die Lage der Endpunkte miteinander in Beziehung gesetzt werden, lassen sich folgende Vorgehensweisen beschreiben:

- **Direkter Vergleich:** Aneinanderlegen der Repräsentanten (z.B. Stifte)
  - gleich lang, wenn beide Stifte genau aufeinander liegen.
  - länger bzw. kürzer, wenn einer der Stifte über einen oder beide Endpunkte des anderen Stiftes herausragt.

- **Indirekter Vergleich:** Hier wird ein bewegliches Vergleichsobjekt (z.B. Schnur) herangezogen. Die Schnur repräsentiert entweder die Länge eines der zu vergleichenden Repräsentanten oder steht in einer Größer-Kleiner-Beziehung.[13]

Bei der qualitativen Bestimmung von Längen müssen die Schüler und Schülerinnen demnach keine Kenntnisse über Maßeinheiten, Messverfahren und -instrumenten besitzen. Aussagen über die Längenbeziehung von Repräsentanten gelingen allein durch die visuell Aufschluss gebenden Informationen.

Der Umgang mit Größenrepräsentanten ist didaktisch gesehen von zentraler Bedeutung. Sie sind konkrete Objekte der kindlichen Umwelt und können als Repräsentanten standardisierter Maßeinheiten fungieren. Ihnen kommt eine besondere Funktion beim Aufbau sogenannter Stützpunktvorstellungen zu (vgl. Punkt 3).[14]

---

[12]Vgl. ebd.
[13]Vgl. ebd., S. 18f.
[14]Vgl. ebd., S. 14.

2.2 Quantitative Bestimmung von Längen

Wird eine präzise Auskunft über eine Länge verlangt (Wie viele Einheiten lang?), ist eine Antwort mit Adjektiven, wie zum Beispiel „kurz" oder „lang", ungenügend. Spätestens jetzt muss der Vorgang der quantitativen Bestimmung von Längen herangezogen werden. Dieser basiert auf das Vergleichen von Objekten mit bekannten Maßeinheiten.[15]

Erforderlich sind neben Kenntnisse über Maßeinheiten und -zahlen, Fähigkeiten im Umgang mit entsprechenden Messinstrumenten, sowie Wissen über die sprachlich-symbolische Verschriftlichung des Messresultates. Dabei müssen Messgegenstände nicht nur als solche identifiziert, sondern auch als Repräsentant einer Einheit angesehen werden.[16]

Der grundlegende Unterschied dieser Bestimmung von Längen besteht darin, dass der als Einheit gedachte Messgegenstand in eine quantitative Beziehung zu dem zu messenden Objekt gestellt und nicht qualitativ verglichen wird. Folgende Vorgänge können bei einem Messvorgang unterschieden werden:

- **Vervielfachen:** Das als Einheit abstrahierte Messinstrument wird wiederholt lückenlos, ohne Überschneidungen an dem zu messenden Gegenstand abgetragen und gezählt.

-

- **Zerlegen:** Das zu messende Objekt wird in eine Anzahl an gleich großen Abschnitten zerlegt, die als Einheiten gesehen werden. D.h., die Anzahl dieser Einheiten beschreibt die Länge des Objektes als Maßzahl.[17]

Jede Größe, zum Beispiel 3m, ist festgelegt durch eine Maßzahl (die Zahl 3) und eine Einheit (hier Meter) und wird als Produkt aus beidem beschrieben (3·1m).[18]

- **Verfeinertes Messen:** Kann das zu messende Objekt nicht vollständig mit einer Einheit ausgefüllt werden, sodass ein Reststück verbleibt, muss die Einheit untergliedert werden, zum Beispiel in Teile wie Hälfte, Viertel oder Drittel.

Die quantitative Bestimmung von Längen basiert folglich auf Vervielfach- und Zerlegungsvorgängen. Dabei spielen Fähigkeiten über Addition und Subtraktion, also Zahlen

[15]Vgl. ebd., S. 5.
[16]Vgl. ebd., S. 46.
[17]Vgl. ebd., 22f.
[18]Vgl. http://www.leifiphysik.de/web_ph07_g8/grundwissen/06groessen/groessen.htm, 20.02.2013.

und Rechenprozesse eine Rolle. Denn jede Abtragung des Messinstruments bzw. jeder Abschnitt ist mit Zahlen zu verbinden.

Die drei erläuterten Vorgänge beziehen sich auf das Messen mit nicht-normierten, d.h. mit gegenständlichen und körpereigenen Objekten, aber auch auf als Einheit fungierende Messgegenstände. Normierte bzw. standardisierte Messinstrumente repräsentieren das metrische Maßsystem und unterliegen einem anderen Messverfahren:

- **Normierte Messinstrumente: (Lineal, Zollstock, Maßband, *Meterstab*19)**
  - Repräsentieren konventionell festgelegte Einheiten anhand einer Messskala.
  - Diese wird an das zu messende Objekt angelegt und abgelesen, die Differenz zwischen Anfangs- und Endzahl ergibt die Länge.
  - Unterscheiden sich im Hinblick auf ihren Verwendungszweck (Maßband vs. Lineal).

- **Nicht-normierte, gegenständliche Messinstrumente: (Stäbe, Stifte, Schnüre,...)**
  - Repräsentieren willkürliche Maße.
  - Ihr lineares Ausmaß muss als Einheit gesehen werden.
  - Messen mittels Abtragen und Zerlegen.

- **Nicht-normierte, körpereigene Messinstrumente:**
  - Längenkonsistent: Z.B. Fuß oder Elle.
  - Längenvariabel: Z.B. Schritte oder Armspanne.
  - Messen mittels Abtragen, Zerlegen auf mentaler Ebene.20

Aus didaktischer Sicht lässt sich festhalten, dass normierte Messinstrumente, im Gegensatz zu gegenständlichen und körpereigenen Messobjekten, erste Repräsentationsformen konventioneller Längeneinheiten aufgrund ihrer Messskala transportieren. Da Kinder bereits außerschulisch mit normierten Messwerkzeugen in Berührung kommen (z.B. Papa baut einen Zaun), bilden und entwickeln sich erste Vorstellungen über Verwendungszwecke und Umgang mit ihnen.

Gegenständliche Messinstrumente hingegen, sind als konkrete Objekte in die Umwelt von Kindern eingebettet. Nührenbörger merkt diesbezüglich an, dass viele Gegenstände oftmals

---

[19]Der Meterstab fungiert als Einheit. Seine Objektlänge entspricht der konventionellen Einheit Meter. Gemessen wird mittels wiederholtes Abtragen und Zerlegen .
[20]Vgl. Nührenbörger 2012, S. 29ff.

schon normierte Längenmaße repräsentieren (z.B Schultafeln oder 1m-Stäbe), sodass mit ihnen in Form von „Ersatzwerkzeugen" und Stützpunktvorstellungen gehandelt werden kann (vgl. 3).21

Körpereigene Messwerkzeuge sind kulturhistorisch als „historische Messwerkzeuge" zu betrachten. Sie dienten den Menschen lange Zeit zur Kommunikation und Planung konkreter Messtätigkeiten. Erst die Meterkonvention im Jahr 1960 (11. Konferenz für Maß und Gewicht) erzielte eine Einigung zur Nutzung des 1901 von Georgi entwickelten metrischen Systems mit den sechs Basiseinheiten Meter, Kilogramm, Sekunde, Ampère, Kalvin und Candela.22
Da die Befähigung zur Wahrnehmung der Mathematik als Kulturgut zum Bildungsbeitrag gehört und sich körpereigene Maße hervorragend als Stützpunktvorstellungen eignen, sind sie im niedersächsischen Kerncurriculum fest verankert. So wird am Ende des zweiten Schuljahres erwartet, dass die Schüler und Schülerinnen Stützpunktvorstellungen standardisierter Einheiten kennen und in Schätzsituationen nutzen.23
Folgende Körpermaße, die ungefähr die standardisierten Einheiten repräsentieren, können als Stützpunktvorstellung herangezogen werden:

- **1mm**   Dicke eines Fingernagels
- **1cm**   Breite eines Daumens
- **10cm**   Daumen-Zeigenfinger-Spanne
- **1m**   Ein großer Kinderschritt24

3. Die Relevanz von Stützpunktvorstellungen

Der Begriff „Stützpunktvorstellung" wurde im Verlauf dieser Arbeit bereits mehrmals erwähnt. Er ist eine Bezeichnung mentaler Repräsentanten von Größen, die als wesentliche Voraussetzung beim Aufbau von Größenvorstellungen gelten.

> Größenvorstellungen zu erzeugen bedeutet, im Bewusstsein der Schüler adäquate Abbilder von Repräsentanten von Größen entstehen zu lassen, dafür zu sorgen, dass diese aufbewahrt werden und je nach Bedürfnis immer wieder reproduziert und gedanklich weiterverarbeitet werden.25

21Vgl. ebd., S. 30.
22Vgl. ebd., S. 10.
23Vgl. Kerncurriculum 2006, S. 23
24Vgl. Winter, H.: Sachrechnen in der Grundschule. Frankfurt a.M.: Cornelsen 1994, S. 19.
25Grund, K. H.: Größenvorstellungen – eine wesentliche Voraussetzung beim Anwenden von Mathematik. In: Grundschule H.24/12. Braunschweig: Westermann 2012, S. 42, vgl. auch Nührenbörger 2012, S. 40.

Kinder kommen in ihrem Alltag vielfach mit Größenangaben in Berührung (z.b. 200m bis McDonalds), doch heißt das nicht, dass sie gesicherte Vorstellung von Repräsentanten dieser Größen besitzen. Erstklässler besitzen selten einen Erfahrungsschatz an Stützpunktvorstellungen, doch gerade diese bilden die Basis für das Lösen von Sachaufgaben und für alltagstaugliches Schätzen im Besonderen.[26] Soll zum Beispiel die Länge eines Raumes ermittelt werden, so kann auf mentaler Ebene die benötigte Schrittzahl vom Anfangs- bis Endpunkt des Raumes abgeschätzt und somit ein annäherndes Ergebnis erzielt werden.

Stützpunktvorstellungen von Längen sind demnach mentale Verknüpfungen bekannter Objekte, Strecken, Körperglieder mit standardisierten Maßzahlen (ein Schritt ~ 1m). Die Länge des Raumes wäre ohne ein festes Repertoire dieser lediglich geraten worden. Schüler und Schülerinnen sollten also nicht nur formal mit Größen operieren lernen sondern eine Vorstellung davon bekommen, was sich hinter den einzelnen Symbolen wie 300m oder 1kg verbirgt.

Nührenbörger empfiehlt, dass sich die Kinder persönliche Stützpunktvorstellungen von den Kernmaßen suchen. Das Interesse der Kinder für ihren eigenen Körper sollte hierbei genutzt werden, um ihn als solchen einzuführen. Die Bezugnahme auf Repräsentanten muss regelmäßig durch konkrete Handlungserfahrungen eingeübt werden.[27]

Nach Piaget bauen Kinder mentale Bilder nur auf, wenn sie sich aktiv und handelnd mit ihrer Umwelt auseinandersetzen. Sie befinden sich in der konkret operativen Phase und ihre Denkart ist an konkreten Handlungen gekoppelt. Der Umgang mit Körpermaßen als Ersatzwerkzeuge zum Ermitteln von Längen muss wiederholend erlebt werden, um diesen Erfahrungsschatz im Gedächtnis zu verankern.[28]

4. Die didaktische Stufenfolge

Die didaktische Stufenfolge basiert auf Piagets Verständnis der Entwicklung kognitiver Strukturen. Ihm nach entwickeln sich Größenvorstellungen bei Kindern dadurch, dass sie konkrete Erfahrungen mit ihnen durch und im Austausch mit ihrer Umwelt sammeln und diese verinnerlichen. Im laufe der Zeit treten Veränderungsprozesse dieser verinnerlichten kognitiven Strukturen durch weitere Erfahrungen auf, die sich folglich

---

[26]Vgl. Nührenbörger 2012, S. 89.
[27]Vgl. Jansen, P.: Warum so umständlich. Peter Jansen im Gespräch mit Marcus Nührenbörger. In: Grundschule H.2. Braunschweig: Westermann 2013, S. 13.
[28]Vgl. Nührenbörger 2012, S. 32ff.

zu präziseren Erkenntnissen entwickeln. Diese geistige Entwicklung wird in Stufen eingeteilt. [29]

Die didaktische Stufenfolge führt Größen in diesem Sinne kleinschrittig und nach Schwierigkeitsgrad differenziert ein:

1. Erfahrungen zu Längen in Spielsituation sammeln, dabei die eindimensionale Längeneigenschaft von Objekten und Abständen wahrnehmen und mit Adjektiven beschreiben.
2. Direktes Vergleichen von Längenrepräsentanten und indirektes Vergleichen mit Hilfe eines Mittlers, qualitatives Benennen der auftretenden Relationen.
3. Messen mit willkürlichen und körpereigenen Objekten nicht-normierter Einheiten.
4. Messen mit konventionellen Messinstrumenten, die normierte Einheiten repräsentieren.
5. Entwicklung von Stützpunktvorstellungen, indem vor jedem Messen geschätzt wird und somit Vergleichsmaße konstruiert werden.
6. Rechnen und Umwandeln von Maßzahlen. [30]

Die auf Piagets Theorie der kognitiven Entwicklung zurückzuführende didaktische Stufenfolge wird in aktuellen Mathelehrbüchern weitestgehend vertreten. Das sofortige Arbeiten mit standardisierter Messinstrumente und -einheiten wird nur selten umgesetzt, obwohl die im Folgenden aufgeführten Kernkritikpunkte durchgängig bekannt sind:

- Die Vorerfahrungen der Kinder bezüglich konventioneller Messinstrumente werden vernachlässigt.
- Indirektes Vergleichen mit nicht-normierten Gegenständen kann zur Ausbildung von Fehlvorstellungen führen, wird Messen mit Zählen verwechselt.
- Die Zerlegung in Einheiten und Untereinheiten und deren Beziehung zueinander bleibt oftmals unverständlich, da eine Beziehung zwischen den verschiedenen willkürlichen Gegenständen wie Stifte und Büroklammern nicht existiert.
- Die „Null" bei standardisierten Messinstrumenten bleibt im Anschluss an nicht-normierten Gegenständen uneinsichtig. [31]

Die Einführung von Größen anhand der didaktischen Stufenfolge akzentuiert womöglich, weil sich viele Aktivitäten, wie der quantitative Vergleich willkürlicher Objekte, unterstützend auf den Begriffsbildungsprozess auswirken. Da Kinder jedoch über Vorerfahrungen zu Größenbegriffen aus ihrem Alltag verfügen, sind

---

[29]Vgl. ebd., S. 52ff.
[30]Vgl. ebd., S. 91f.
[31]Vgl. ebd., S. 93.

Begrifflichkeiten wie „kürzer", „länger" oder „gleich" mit Sicherheit bereits akkurat vorhanden.

Das niedersächsische Kerncurriculum betont jedoch, dass im Unterricht an diesen Vorerfahrungen angeknüpft werden muss um den Aufbau „trägen Wissens" zu vermeiden. Das Thema Größen, in ihren Eigenschaften als Mittler zwischen Mathematik und Erfahrungswelt der Kinder, eignet sich besonders gut um die Relevanz und Gegenständlichkeit von Mathematik auch außerschulisch zu verdeutlichen. Schulen sollen letztlich einen Bildungsbeitrag zur praktischen Lebensbewältigung leisten, und mit Größen operieren wir in den verschiedensten Alltagssituation.[32]

Fazit

Nachdem in dieser Arbeit wichtige Erkenntnisse rund um das Thema Größen und Größeneinführung erzielt wurden, ließe sich eine geeignete Stundeneinheit entwickeln, die diese aufgreift und dabei Vor- und Nachteile berücksichtigt. Eine einzelne Unterrichtsstunde kann dieses nicht gewährleisten, da es neben dem zeitlichen Rahmen auch die Konzentrations- und Aufnahmebereitschaft der Kinder sprengen würde.

Für die Einführungsstunde festzuhalten bleibt, dass Vorstellungen bezüglich Größen vor Schuleintritt vorhanden sind. Diese gilt es im Unterricht transparent zu machen und an ihnen anzuknüpfen, damit sich die Erfahrungen der Kinder weiter entwickeln und zu präziseren Kenntnissen formen (vgl. 4).

In meinem Stundenentwurf löse ich mich von der strikten Einhaltung der didaktischen Stufenfolge und werde das Thema Größen mit standardisierten Messinstrumenten beginnen.

Nachdem ein Anreiz zum Erfahrungsaustausch standardisierter Messinstrumente gesetzt wird, möchte ich die Kinder durch das Zeichnen einer Messskala mit ihren subjektiven Vorstellungen konfrontieren. In der anschließend gemeinsamen Diskussion, die sich durch den Vergleich der Bilder unterschiedlicher Kinder von selbst einleitet, erhoffe ich nicht nur den Lernstand zu ermitteln, sondern vor allem, reflexive Gespräche über Ansichten und Struktur des metrischen Systems aufzurufen. „Die Beschreibung eigener Lösungswege und die Reflexion über Lösungsstrategien anderer fördern die Argumentation, Kommunikation und Kooperation."[33] Im Anschluss

---

[32]Vgl. Kerncurriculum 2006, S. 5ff.
[33]Vgl. ebd., S. 9.

sollen die Gesprächsergebnisse an einem Arbeitsblatt angewendet und somit vertieft werden.

Der Umgang mit willkürlichen Messobjekten würde nach meiner Planung in der gesamten Unterrichtseinheit keine Verwendung finden, um Fehlvorstellungen im Sinne „der Tisch ist 10m lang"[34], vorzubeugen. Nicht-normierte Messinstrumente würden ausschließlich anhand von Körperlängen zum Einsatz kommen. Bereits in der Einführungsstunde werden 1m-Schritte eingeübt, um eine erste persönliche Stützpunktvorstellung aufzubauen. Anhand der 1m-Schritte sollen im Anschluss weitere 1m-Objekte aufgespürt werden, die letztlich auf einem Plakat zur Veranschaulichung zusammengetragen werden.

---

[34]Da Kinder in ihrem Alltag Stifte nicht als Angaben von Längen erfahren, treten häufig Aussagen wie diese auf, wenn 10 Stifte abgetragen wurden. Vgl. hierzu Jansen, P.: Warum so umständlich. Peter Jansen im Gespräch mit Marcus Nührenbörger. In: Grundschule H.2. Braunschweig: Westermann 2013, S. 12.

Literaturverzeichnis

- Grund, Karl Heinz (2012): Größenvorstellungen – eine wesentliche Voraussetzung beim Anwenden von Mathematik. In: Grundschule 24/12. Braunschweig: Westermann 2012, 42-44.

- Jansen, Peter: Warum so umständlich. Peter Jansen im Gespräch mit Marcus Nührenbörger. In: Die Grundschule H.2. Braunschweig: Westermann 2013, 12-14.

- Kerncurriculum für die Grundschule 2006, Schuljahrgänge 1-4, Fach Mathematik, Niedersachsen.

- Nührenbörger, Marcus: Denk- und Lernwege von Kindern beim Messen von Längen. Theoretische Grundlegung und Fallstudien kindlicher Längenkonzepte im Laufe des 2. Schuljahres. Texte zur mathematischen Forschung und Lehre 17. Hildesheim: Franzbecker 2002.

Internetquellen:

- www.duden.de/rechtschreibung/Groesze, 20.02.2013.
- https://ssl.gymnasium-zwettl.ac.at/fachwissen/physik/vorlesung/PHYSIK/repetitorium/einheiten/1/01.html, 20.02.2013.
- http://www.leifiphysik.de/web_ph07_g8/grundwissen/06groessen/groessen.htm, 20.02.2013.

Bildnachweis:

- http://www.grundschulatelier.de/bilder/kategorien/Unterrichtsmaterialien-Sachrechnen-Groessen-Grundschule.png, 20.02.2013.
- http://www2.klett.de/sixcms/media.php/228/thumbnails/Groessen_Laengen.jpg.808819.jpg, 20.02.2013.
- http://t2.gstatic.com/images?q=tbn:ANd9GcQsaywK7w2OvRbHsGbx0dQWqG TzwfhpSW9IFiLrqSseN2nPChH5nyBAoA, 20.02.2013.

Anhang

I. Stundenverlaufsplan zur Einführung von Längen

Groblernziele: (Inhaltsbezogene Kompetenzen)
Die Schüler und Schülerinnen sollen erste Einsichten in das metrische Längensystem besitzen. Sie sollen mit einem Lineal fachgerecht umgehen können und über eine Stützpunktvorstellung zu der Einheit Meter verfügen.

Feinlernziele: (Prozessbezogene Kompetenzen)
Die Schüler und Schülerinnen...

... sollen Bezeichnungen standardisierter Messinstrumente kennen.

... sollen spezifischen Messsituationen geeignete Messinstrumente zuordnen können.

... sollen ihre Wissen und ihre Vermutungen über standardisierte Messinstrumente verbal äußern können.

... sollen eigene Lösungswege und Vorgehensweisen beschreiben können.

... sollen die Striche der Skalierung des Lineals entdecken und mathematische Zusammenhänge zwischen ihnen beschreiben können.

... sollen die „Null" einer Messskala als Anfangspunkt des Messprozesses erkennen können.

... sollen Längen mit 1m-Schritten messen können.

... sollen miteinander konstruktiv und sozial kommunizieren können.

Abkürzungsverzeichnis

SuS	Schüler und Schülerinnen
L	Lehrer und Lehrerinnen
AB	Arbeitsblatt

Phase	Geplantes Lehrer-Schüler-Verhalten	Sozialform	Arbeitsmittel, Medien	erforderte Kompetenz
Hinführung	L holt verschiedene normierte Messinstrumente heraus. (stummer Impuls) L formuliert gezielte Fragestellungen, wenn erwünschte Antworten nicht eintreffen. („Kennt ihr diese oder einige von ihnen?", „Woher?", „Wozu werden sie genutzt?") SuS. sollen ihre Vorerfahrungen aktivieren und verbal äußern. L: „Ihr kennt aber alle noch ein Messinstrument, das habt ihr in eurem Etui." S: „Lineal!" L: „Richtig! Aber das wollen wir jetzt nicht herausholen. Wir wollen alle selber eines Zeichnen."	Sitzkreis	Zollstock, Maßbänder, Meterstab,	Prozessbezogene Kompetenz: - Kommunizieren/ Argumentieren
Erarbeitung	L holt AB hervor und verteilt sie. SuS zeichnen eine Messskala	Einzelarbeit	AB	Prozessbezogene Kompetenz: - Problemlösen
Ergebnissicherung	L sammelt die AB´s ein und verteilt an jeweils zwei SuS ein zwei AB´s. L: „Vergleicht doch mal zu zweit diese Zeichnungen. Was fällt euch auf?" SuS sollen Unterschiede artikulieren und erklären. L stellt gezielte Fragen wenn gewünschte Antworten nicht auftreten: „Wozu dienen die Striche, wozu die Null", „Warum hat X mehr/weniger Striche?" Was bedeuten die unterschiedlichen Längen der Striche?" „Wie viele Striche sind zwischen den großen Strichen?" SuS sollen Vermutungen über den Aufbau einer Messskala ausdrücken und Beziehungen der „Striche" zueinander herstellen und artikulieren.	Sitzkreis	AB	Prozessbezogene Kompetenzen: -Kommunizieren/ Artikulieren; -Problemlösen
Erarbeitung	L: „In vielen Situationen haben wir leider keine Messinstrumente wie diese dabei. Aber wir können alle die zum Beispiel die Länge eines Meters auch mit unserem Körper messen." L verteilt 1m-Stäbe. „Jetzt übt doch einmal zu viert, einen 1m-Schritt."	Gruppenarbeit	1m-Stäbe	Prozessbezogene Kompetenzen: -Darstellen/ didaktisches Material verwenden; -Modelieren

Phase	Geplantes Lehrer-Schüler-Verhalten	Sozialform	Arbeitsmittel, Medien	erforderte Kompetenz
Vertiefung	L sammelt die 1m-Stäbe wieder ein. „Jetzt versucht in euren Gruppen, Gegenstände in diesem Raum zu finden, die auch ein Meter, also einen Schritt lang sind."	Gruppenarbeit		Prozessbezogene Kompetenz: -Modelieren
Ergebnissicherung	L: „Welche Dinge hier sind ebenfalls 1m lang?" L achtet dabei auf eine korrekt formulierte und vollständige Antwort (Der Tisch, die Tafel...ist ein Meter lang) SuS und L tragen die weiteren Stützpunktvorstellungen auf ein Plakat zusammen. In die Mitte des Plakates wird mit rotem Stift „1 Meter" geschrieben und ein Bild eines 1m-Schrittes aufgeklebt.	Plenum	Plakat,Bild mit eines 1m-Schrittes bunte Filzstifte	Prozessbezogene Kompetenz: -Kommunizieren/ Argumentieren

II. Arbeitsblatt

Owei!!! Hier fehlt doch etwas!

Wie soll ich denn damit meinen Papierflieger ausmessen?

Aufgabe:

Kannst du Donald Duck helfen? Was fehlt in diesem Lineal?

Nimm einen Bleistift und vervollständige das Messinstrument!